BEI GRIN MACHT SICH IHR
WISSEN BEZAHLT

AF144615

- Wir veröffentlichen Ihre Hausarbeit,
  Bachelor- und Masterarbeit

- Ihr eigenes eBook und Buch -
  weltweit in allen wichtigen Shops

- Verdienen Sie an jedem Verkauf

Jetzt bei www.GRIN.com hochladen
und kostenlos publizieren

Miriam Hornig

Unterrichtsstunde: Lernstationen zur Übung und Wiederholung der Addition und Subtraktion im Zahlenraum bis 20

GRIN Verlag

Bibliografische Information der Deutschen Nationalbibliothek:

Die Deutsche Bibliothek verzeichnet diese Publikation in der Deutschen National-
bibliografie; detaillierte bibliografische Daten sind im Internet über http://dnb.d-
nb.de/ abrufbar.

Impressum:

Copyright © 2006 GRIN Verlag GmbH
Druck und Bindung: Books on Demand GmbH, Norderstedt Germany
ISBN: 978-3-640-35741-3

Dieses Buch bei GRIN:

http://www.grin.com/de/e-book/128605/unterrichtsstunde-lernstationen-zur-uebung-
und-wiederholung-der-addition

GRIN - Your knowledge has value

Der GRIN Verlag publiziert seit 1998 wissenschaftliche Arbeiten von Studenten, Hochschullehrern und anderen Akademikern als eBook und gedrucktes Buch. Die Verlagswebsite www.grin.com ist die ideale Plattform zur Veröffentlichung von Hausarbeiten, Abschlussarbeiten, wissenschaftlichen Aufsätzen, Dissertationen und Fachbüchern.

Besuchen Sie uns im Internet:

http://www.grin.com/

http://www.facebook.com/grincom

http://www.twitter.com/grin_com

Christina Hof

LiV

> **Unterrichtsvorbereitung im Rahmen der zweiten Staatsprüfung für**
>
> **das Lehramt an Grundschulen**

Fach: Mathematik

Klasse: 2b (16 Mädchen/ 10 Jungen)

Datum: 07.09.2006

Zeit: 8.30 Uhr- 9.15 Uhr

Thema der Unterrichtseinheit: Addition und Subtraktion im Zahlenraum bis 20

Thema der Unterrichtsstunde: Lernstationen zur Übung und Wiederholung der Addition
und Subtraktion im Zahlenraum bis 20

INHALTSVERZEICHNIS

1. Bedingungsanalyse

1.1 Institutionelle Voraussetzungen

Zurzeit besuchen 240 Schüler die Christian-Spielmann-Schule in Weilburg[1]. Sie kommen aus der Kernstadt und den umliegenden Ortschaften Kubach, Hirschhausen, Kirschhofen und Bermbach. Das erste und vierte Schuljahr sind dreizügig, das zweite Schuljahr zweizügig und das dritte Schuljahr ist dreizügig. Außerdem besteht eine Vorklasse.

In der Grundschule haben es sich zurzeit zehn Kolleginnen und drei Kollegen sowie eine Referendarin zur Aufgabe gemacht, den Kindern wichtige fachliche und soziale Kenntnisse zu vermitteln. Die Atmosphäre unter den Kollegen ist offen und freundlich; eine große Hilfsbereitschaft unterstreicht das Miteinander.

Der Mathematikunterricht findet im Klassezimmer der 2. Klasse statt. Die Schülertische sind z.Z. in U-Form gestellt, zudem befindet sich ein Gruppentisch in der Mitte der Sitzordnung. Das Zusammenkommen der verschiedenen Sozialformen ist möglich.

1.2 Soziokulturelle Voraussetzungen

Die Klasse 2b der Grundschule setzt sich aus 26 Schülern im Alter von 6 bis 8 Jahren zusammen (16 Mädchen und 10 Jungen). In der Regel gehen die Schüler kameradschaftlich und fair miteinander um. Die Kinder der Klasse haben eine positive Einstellung zur Schule und freuen sich auf die Mathematikstunden. Die Schüler sind meist motiviert, gut ansprechbar und ausdauernd. Verschiedene Sozialformen wie Partner-, Gruppen- oder Stillarbeit sind der Lerngruppe bekannt und werden ihrem Alter entsprechend beherrscht. Nach kleineren anfänglichen Schwierigkeiten konnte mit zunehmender Routine und festen Ritualen eine für alle Beteiligten geeignete Arbeitsatmosphäre geschaffen werden.

Die Leistungen der Klasse sind sehr heterogen. Besonders leistungsstarke Schüler sind M., S., S., A., L. und R.. L., C., P. und D. gehören zu den schwächeren Schülern im Mathematikunterricht. L. fällt vor allem durch einen Mangel an Konzentrationsfähigkeit auf. Er ist leicht abzulenken und beginnt infolgedessen andere Kinder zu stören. Emilia kam zu Beginn des zweiten Schuljahrs in die Klasse. Daher ist es mir nicht möglich ihre Leistungen und ihre Mitarbeit, im Besonderen in Bezug auf Stationsarbeit, einschätzen.

---

[1] Die männlichen Bezeichnungen werden im Folgenden nicht geschlechtsspezifisch gebraucht, sondern stehen aus Gründen der sprachlichen Kürze stellvertretend für beide Geschlechtsformen.

1.3 Lernausgangslage in Bezug auf den Unterrichtsgegenstand

1.3.1 Anthropogene Voraussetzungen

Nach Piagets Auffassung von einer kognitiven kindlichen Entwicklung befinden sich Kinder in der 1. Klasse im Übergang von der präoperationalen Stufe (ungefähr von 2- 6 Jahren) zur Stufe der konkreten Operation (ungefähr von 7 – 11 Jahren).[2] Die Schüler beginnen damit, logisches und schlussfolgerndes Denken zum Lösen konkreter Probleme zu nutzen. Während in der Phase der präoperationalen Entwicklung die Aufmerksamkeit nur auf einen einzigen Gegenstand oder ein einziges Merkmal gerichtet werden kann, werden die Denkhandlungen der Kinder im Übergang zur Stufe der konkreten Operationen „„kompositionsfähig" (zusammensetzbar) und „reversibel" (umkehrbar)."[3] Trotzdem „benutzen sie bei der Konstruktion und Begründung ihrer Schlüsse immer noch Symbole für konkrete Gegenstände und Ereignisse, keine Abstraktionen."[4] Aus diesen entwicklungspsychologischen Gründen sind einige Kinder noch auf die Verwendung konkreter Gegenstände (hier insbesondere in Form von Rechenschiffchen, Steckwürfe u.a. als methodische Differenzierung) angewiesen.

Den Schülern ist die Addition und die Subtraktion im Zahlenraum bis 20 bekannt, insbesondere der handelnde Umgang mit konkreten Materialien, welche eine anschauliche Auseinandersetzung in Rahmen der Stationsarbeit erlauben.

Die Schüler folgen dem Unterrichtsgeschehen zumeist aufmerksam. Sie sind in der Regel bemüht, sich aktiv am Unterricht zu beteiligen. Zurückhaltende Kinder erhalten durch Stationsbetrieb die Möglichkeit, sich im Schutz der Gruppe dem Lerngegenstand zu nähern. Ebenso erhöht sich die Freude und Motivation der Schüler durch diese Arbeitsform. Unter anderem durch die ästhetische Motivation (Materialgestaltung), Motivation durch Neuigkeiten (Schächtelchenrechnen), um nur einige Gründe zu nennen.

2. Sachanalyse

„Die Addition (v. lat. addere = hinzufügen) ist eine der vier Grundrechenarten in der Arithmetik."[5] "Das Zusammenzählen von Zahlen oder anderen mathematischen Objekten.

---

[2] Dieses Entwicklungsmodell unterscheidet vier qualitativ unterschiedliche Stufen: die sensomotorische Stufe, die Stufe präoperationalen Denkens, die Stufe der konkreten Operation und die Stufe der formalen Operationen. Piaget geht davon aus, dass alle Kinder alle Stufe in der o.g. Reihenfolge durchlaufen, wobei allerdings das Entwicklungstempo Unterschiede aufweisen, kann (vgl. Zimbardo 1995, S. 74).
[3] Zech, F.: Grundkurs Mathematikdidaktik. S. 91
[4] Zimbardo: Psychologie. S. 76
[5] http://de.wikipedia.org/wiki/Addition, 26.07.2006

Das Ergebnis einer Addition ist die Summe, die zu addierenden Zahlen sind die Summanden. Das mathematische Symbol der Addition ist das Pluszeichen „+". Addiert man eine natürliche Zahl zu einer anderen Zahl, kann man die Addition durch Weiterzählen ausführen."[6] Die Reihenfolge, in der man die Zahlen addiert, ist egal. „Bei der Addition gelten folgende grundlegende Rechengesetze (x, y und z sind reelle Zahlen):

- Assoziativgesetz (der Addition): $(x + y) + z = x + (y + z) = x + y + z$
- Kommutativgesetz (der Addition): $x + y = y + x$
- Das neutrale Element ist 0: $x + 0 = x$
- Das inverse Element zu x ist $- x$"[7]

Die Umkehroperation zur Addition ist die Subtraktion (v. lat. „das Sichentziehen"). „Das Abziehen einer Zahl oder allgemeiner eines Terms von einem anderen, Umkehrung der Addition. In der Subtraktionsaufgabe ist das Minuszeichen „-". Die Subtraktion von Zahlen gehört ebenso zu den Grundrechenarten."[8]

Im Handbuch für den Mathematikunterricht im 1. Schuljahr werden folgende 3 Typen von Additions- und Subtraktionsaufgaben der syntaktischen Struktur im Anfangsunterricht hingewiesen:

$a + b = \square$	$a - b = \square$
$a + \square = b$	$a - \square = b$
$\square + a = b$	$\square - a = b$

„Dabei sind mit „a" und „b" gegebene Zahlen und mit „$\square$" die gesuchte Zahl bezeichnet." Die Beherrschung dieser 6 Grundaufgaben ist Ziel zahlreicher, insbesondere operativer Übungen im arithmetischen Anfangsunterricht.[9]

Die semantische Struktur, von welcher ebenso im Handbuch die Rede ist, ist „auch bei Rechengeschichten mit einfachsten Zahlbeispielen höchst komplex. Aufgrund dessen bilden in der vorliegenden Stunde u.a. diese 3 Typen von Additions- und Subtraktionsaufgaben der syntaktischen Struktur den inhaltlichen Schwerpunkt.

---

[6] Schülerduden: Mathematik I. Brockhaus AG. Mannheim 1999, S. 17
[7] Vgl. http:de.wikipedia.org/wiki/Addition, 26.07.2006
[8] Schülerduden: Mathematik I. Brockhaus AG. Mannheim 1999, S. 416
[9] Radatz; Schipper; Dröge; Ebeling: Handbuch für den Mathematikunterricht 1. Schuljahr. Schroedel Verlag GmbH. Hannover 1996, S. 77

3. Didaktische Überlegungen

3.1 Legitimation des Unterrichtsgegenstandes

Der Themenkomplex „Addition und Subtraktion im Zahlenraum bis 20" ist im hessischen Rahmenplan dem Bereich „Addieren und Subtrahieren" anzugliedern. Im Rahmen dieses Lernfeldes lernen die Schüler im 1. und 2. Schuljahr die „additiven Grundrechenarten verstehen" als auch „das Lesen und Darstellen der Grundaufgaben in Gleichungsform und Operatordarstellung mit den Symbolen +, -, = und mit Operatorpfeil sowie die entsprechenden Sprechweisen."[10] „Additive Operationen wie Hinzufügen, Wegnehmen, Ergänzen, Zerlegen sowie das Verdoppeln und Halbieren werden durch Handlungen mit geeignetem Material modellmäßig erarbeitet, schrittweise verinnerlicht und bis zur symbolischen Darstellung abstrahiert."[11]

„Im Sinne des kumulativen Lernens, welches im Mathematikunterricht Anknüpfen an gesichertes Vorwissen und bewusstes Integrieren von Neuem in vorhandene Strukturen bedeutet, werden die Lerninhalte"[12] (Zehnerübergänge, Additions- und Subtraktionsaufgaben) des ersten Schuljahres wiederholt.

Die Behandlung der Addition und Subtraktion im Zahlenraum bis 20 bietet eine wichtige Grundlage und Vorbereitung für die im Rahmen des Spiralcurriculums folgenden Schwerpunkte der schriftlichen Addition und der schriftlichen Subtraktion, welche den Kindern im Laufe ihrer Schullaufbahn begegnen werden. Ebenso sind den Lernenden Additions- und Subtraktionsaufgaben aus Vorerfahrungen und vertrauten Sachsituationen bekannt.

Abschließend kann man sagen, dass die Addition und Subtraktion eine wichtige Komponente in der heutigen Gesellschaft bildet.

3.2 Didaktische Reduktion

Die Übung und Wiederholung der Addition und Subtraktion im Rahmen der Stationsarbeit soll begrenzt sein auf den bekannten und schon erarbeiteten Zahlenraum bis 20. Das Üben und Wiederholen einer Sachsituation (Rechengeschichte, Sachaufgabe) wurde bewusst ausgeklammert, um die Stunde nicht zu „überladen" und den zeitlichen Rahmen zu sprengen.

---

[10] Hessisches Kultusministerium: Rahmenplan Grundschule. S. 153
[11] Ebd. S. 152
[12] Zahlenzauber 2. Oldenbourg Schulbuchverlag GmbH, 2004. S. 11

3.3 Strukturierung des Unterrichtsgegenstandes und Stellung der Stunde in der Einheit

Die Unterrichtseinheit findet zu Beginn des 2. Schuljahres statt und die Schüler setzen sich erneut mit Additions- und Subtraktionsaufgaben im Zahlenraum bis 20 auseinander. Die gezeigt Stunde soll den Abschluss der Addition und Subtraktion im Zahlenraum bis 20 bilden, bevor der Zahlenraum bis 100 erarbeitet wird.

In den Stunden zuvor wird noch einmal der Zehnerübergang u.a. am Zahlenstrahl und das Teilschritt – (Zweischritt-) Verfahren aufgerollt sowie Umkehraufgaben und Aufgabenfamilien bearbeitet.

Tabellarische Übersicht (vgl. Denken und Rechnen 1, 2005)

- Am Zahlenstrahl über den Zehner
- Rechen über die Zehn
- Addieren und Subtrahieren (Teilschritt-Verfahren)
- Umkehraufgaben
- Aufgabenfamilien
- **Übung und Wiederholung der Addition und Subtraktion im Zahlenraum bis 20**
- Bündeln- Zehner
- Die Zehnerzahlen bis 100

3.4 Lernziele der Stunde

Groblernziel: Die Schüler sollen anhand verschiedener Lernangebote die Addition und Subtraktion im Zahlenraum bis 20 auf vielfältige Weise üben und wiederholen.

Feinlernziel: Die Schüler sollen...

1) alle Aufgaben durch Kopfrechnen lösen und die Ergebnisse eigenständig überprüfen (Stationen 1 – 2).

2) jeweils eine Addition- und Subtraktionsaufgabe mit Ergebnis finden und entsprechend darstellen (Station 3).

3) die Aufgaben durch Ergänzen der fehlenden Ziffern lösen (Station 4).

4. Methodische Überlegungen

4.1. Begriffliche und theoretische Grundlagen der Stationsarbeit

Offene Unterrichtsformen wie Freiarbeit, Projektunterricht, Tages- und Wochenplan und das Lernen an Stationen haben zunehmend an Bedeutung gewonnen. Die theoretischen Anfänge lassen sich auf die Reformpädagogen Maria Montessori, Celestin Freinet und Peter Petersen zurückführen, die zu Beginn des 20. Jahrhunderts mit ihren jeweils unterschiedlichen Modellen weg vom schulmeisterlichen Lehren hin zum natürlichen, kindgemäßen, individuellen und sozial integrativen Lernen leiteten.[13]

Die Bedeutung der offenen Unterrichtsformen ist auch für den Mathematikunterricht gegeben.

4.2 Zum Begriff „Stationsarbeit"

Stationsbetrieb beschreibt ein vielfältiges Angebot mehrerer Stationen zu einem übergeordneten Thema, an denen die Kinder vielfältige Erfahrungen im Umgang mit der Thematik sammeln können. Jede Station enthält einen Übungsauftrag, der den Schülern im Rahmen der Stationsarbeit angeboten wird. Einzelne Stationen und deren Zusammensetzung können unter Umständen von den Kindern selbst gestaltet werden.

In der Literatur gibt es für Stationsarbeit eine Vielzahl an Begriffen, wie z.B. Lernen an Stationen, Stationenlernen, Lernzirkel oder Lernstraße.[14]

4.3 Charakteristika der Stationsarbeit

Die Idee des Stationsbetriebes wurde 1958 in England von Morgan und Adamson zur Erhöhung der körperlichen Leistungsfähigkeit entwickelt. Es handelt sich dabei ursprünglich um eine Form der geschlossenen Stationsarbeit, die gekennzeichnet ist durch das Nacheinander verschiedener Übungsstationen. Die festgelegten, angeordneten Stationen werden dabei immer in einem oder mehreren Rundgängen durchlaufen.[15]

„Wallaschek und Faust-Siehl stellten die Bedeutung von Lernstationen für individualisierendes Arbeiten im übrigen Unterricht dar. Die Schüler bearbeiten individuell in

---

[13] Vgl. Witte, U.: Möglichkeiten und Grenzen des offenen Unterrichts bei geistig behinderten Jugendlichen am Beispiel von Lernen an Stationen. S. 45

[14] Vgl. Bauer, R.: Lernen an Stationen in der Grundschule. S. 26ff.

[15] Vgl. Witte, U.: Möglichkeiten und Grenzen des offenen Unterrichts bei geistig behinderten Jugendlichen am Beispiel von Lernen an Stationen. S. 46

Form von Stationen vom Lehrer zu einem Thema zusammengestelltes und didaktisch sorgfältig arrangiertes Materialangebot."[16]

4.4 Zur Stunde

Im Fokus dieser Stunde stehen die Übung und Wiederholung, der Addition und Subtraktion im Zahlenraum bis 20. Dies soll den Schülern größtenteils durch Einzelarbeit an sechs verschiedenen Lernstationen, davon zwei „Blitzstationen", ermöglicht werden. Der Lerngruppe ist die Stationsarbeit bekannt, sie kann selbstständig in dieser Form arbeiten. Um die Kinder für die Arbeit an den Stationen zu motivieren, wird diese im Einstieg von „Momos Reise in die Vergangenheit" eingebettet, wobei die Lernenden die Hauptfigur „Momo" bereits aus dem letzten Schuljahr kennen. Die Lehrererzählung wird zudem durch „Momo" dem Stoffelefanten und einem Tafelbild unterstützt, um der Klasse einen visuellen Zugang zu ermöglichen. Ebenso wird die direkte Hinführung zum Lernen an den Stationen erreicht, an denen die Schüler die Aufgabe haben, Momo zu helfen, damit er am Ende der Stunde wieder zurück in die Gegenwart reisen kann.

Im Einstieg werden nur einige der Stationen kurz vorgestellt, u.a. die Station „Schächtelchenrechnen", da diese den Schülern noch nicht bekannt ist.

Auf Stationskarten finden die Schüler die Symbole für die einzelnen Stationen sowie die entsprechende Nummer, nach Bearbeitung der entsprechenden Station auf der Stationsübersicht anzukreuzen. Mit Hilfe dieser Übersicht erhalten sowohl die Lernenden als auch ich einen Überblick über die erledigten Stationen. Möglich wären in diesem Kontext auch Laufkarten für jeden der Schüler. Jedoch habe ich mich, wie erwähnt, für die Stationsübersicht und deren Vorteile, entschieden.

Folgende Stationen werden von den Schülern bearbeitet:

1. Station: Domino

Die Dominokarten mit den Aufgaben auf der einen Seite und dem Ergebnis auf der anderen Seite sind von den Schülern nach den Regeln eines Dominospiels zu spielen. Die Kontrolle erfolgt durch Umdrehen der Karten, wobei die entsprechenden Symbole sichtbar werden.

---

[16] Ebd.

2. Station: Stöpselkarten

Auf den Stöpselkarten befinden sich auf der linken Seite Additions- und Subtraktionsaufgaben und auf der rechten Seite sind jeweils drei mögliche Ergebnisse angegeben. Die Aufgabe der Schüler besteht darin, das Ergebnis zu stöpseln. Sind sie mit dem Lösen der Aufgaben fertig, dann erfolgt durch Wenden der Karte die Kontrolle. Die Lernenden erkennen das korrekte Ergebnis an der Position der Stöpsel, welche gekennzeichnet ist.

3. Station: Schächtelchenrechnen

In den Schächtelchen befinden sich Aufgaben, welche in Zahlen und Rechenzeichen zerschnitten sind. Die Schüler haben die Aufgabe, jeweils ein Additions- und ein Subtraktions- – „Schächtelchen" zu bearbeiten, indem sie aus den einzelnen Teilen entsprechende Aufgaben darstellen. Die Kinder können ihr Ergebnis auf der Unterseite der Innenschachtel kontrollieren.

4. Station: Arbeitsblatt – Rechnen bis 20

Die Schüler müssen auf diesem Arbeitsblatt die Additions- und Subtraktionsaufgaben durch Ergänzen lösen. Nach der Bearbeitung geben die Kinder das Arbeitsblatt zur Kontrolle ab.

5. Station: Zerbrochene Teller

Auf den Papptellern sind Additions- und Subtraktionsaufgaben notiert. Die Aufgabe der Schüler besteht darin, immer zwei Tellerhälften zusammenzulegen, auf welchen die Aufgaben mit dem entsprechenden Ergebnis zu finden ist. Die Selbstkontrolle erfolgt durch Wenden der Teller.

6. Station: Arbeitsblatt – Addition und Subtraktion

Die Schüler haben auf diesem Arbeitsblatt die Aufgabe, die Aufgaben auf den „Briefen" zu lösen und entsprechend der Farbe des Umschlages auszumalen. Nach der Bearbeitung geben die Kinder das Arbeitsblatt zur Kontrolle ab.

Die einzelnen Stationen sind so gewählt, dass die Schüler befähigt werden, den Lerngegenstand auf vielfältige und abwechslungsreiche Weise zu üben und zu wiederholen. Zudem habe ich bei der Auswahl der Lernstationen die unterschiedlichen Ebenen (enaktiv, ikonisch, symbolisch) berücksichtigt, welche einen konkreten Umgang erlauben (vgl. 1.3.1).

Dabei bietet die Stationsarbeit folgende Vorteile gegenüber frontalen Unterrichtsmethoden, deren Einsatz zum Üben und Wiederholen der Unterrichtsinhalte auch möglich wäre:

12

- individuelles Arbeitstempo und unterschiedliche Art der Bearbeitung werden akzeptiert.
- die Lehrkraft erhält mehr Gelegenheit zum Beobachten der Schüler.
- der Lehrer kann sich mehr aus dem Unterrichtsverlauf zurücknehmen und in den Hintergrund treten.
- persönliche Auseinandersetzung mit einzelnen Kindern wird mehr gefördert.[17]
- „'Störungen' sind keine Störungen mehr für den Unterricht allgemein, sondern höchstens für die Kinder in unmittelbarer Nähe des 'Störers'."[18]
- innere Differenzierung.

Auf ein akustisches Signal (Triangel) hin beenden die Schüler ihre Erarbeitungsphase und kommen zurück in den Sitzkreis. An dieser Stelle haben die Lernenden die Möglichkeit, Momo von ihren Erfahrungen zu berichten und sich zu äußern. Darüber hinaus werden Schwierigkeiten, die während der Lernstation aufgetreten sind, herausgegriffen und gemeinsam besprochen. Des Weiteren wird nach Lösungsvorschlägen gesucht bzw. Verbesserungstipps gegeben.

---

[17] Vgl. Bauer, R.: Lernen an Stationen in der Grundschule. S. 28/29
[18] Ebd. S. 28

5. Geplanter Unterrichtsverlauf

Zeit	Phase	Geplanter Unterrichtsverlauf	Arbeits- und Sozialform	Medien
8.30	Einstieg	Nach der Begrüßung kommen die Sch. im Sitzkreis zusammen. L. zeigt Momo und erzählt eine Geschichte von Momos Reise in die „Vergangenheit". Die Sch. erhalten am Ende der Geschichte die Aufgabe, Momo bei der Bearbeitung der Stationen zu helfen. L. erläutert Hinweise zu den Stationen, sowie zum weiteren Verlauf. Ebenso wird die Station zur Differenzierung vorgestellt.	Sitzkreis, Unterrichtsgespräch	Symbolkarte „Sitzkreis", Tafel, Station Nr. 1- Nr. 6, Momo (der Stoffelefant)
ca. 8.40	Erarbeitung	Die Sch. finden sich an ihren Plätzen ein und beginnen mit der Arbeit. Haben sie eine Station erledigt, so kreuzen sie diese an der Stationsübersicht an. L. steht als Ansprechpartner für Fragen und Probleme zur Verfügung und beobachtet die Kinder.	Stationsarbeit, Einzelarbeit	Stationsübersicht, Materialien der Stationen (siehe Seiten 9-10)
ca. 9.05	Reflexion	Auf ein akustisches Signal hin beenden die Sch. die Erarbeitungsphase. Sie kommen im Sitzkreis zusammen. Momo lässt sich von der Arbeit der Kinder berichten und spricht ggf. aufgetretene Probleme an. Durch die Hilfe der Kinder kann Momo nun wieder zurück in die Gegenwart reisen.	Sitzkreis, Unterrichtsgespräch	Triangel, evtl. Materialien der Stationen, Momo (der Stoffelefant)

6. Literatur – und Quellenverzeichnis

- Bauer, Roland: Lernen an Stationen in der Grundschule. Ein Weg zum kindgerechten Lernen. Cornelsen Verlag Scriptor GmbH & Co. KG. Berlin 1997
- Denken und Rechnen 1. Bildungshaus Schulbuchverlage Westermann, Schroedel, Diesterweg, Schöningh, Winklers GmbH, Braunschweig 2005
- Hessisches Kultusministerium (Hrsg.): Rahmenplan Grundschule: 1. Auflage, Moritz Diesterweg Verlag. Wiesbaden 1995.
- Radatz; Schipper; Dröge; Ebeling: Handbuch für den Mathematikunterricht 1. Schuljahr. Schroedel Verlag GmbH. Hannover 1996
- Schülerduden: Mathematik I. Brockhaus AG. Mannheim 1999
- Wallaschek, Uta: Individuelles Arbeiten und Üben im Lernzirkel. In: Grundschule 2/1989. Seiten 56-58
- Wild, Ute: Unterrichtsideen – Mathematik üben an Stationen. Ernst Klett Grundschulverlag GmbH. Leipzig 1999
- Witte, Ulrike: Möglichkeiten und Grenzen des offenen Unterrichts bei geistig behinderten Jugendlichen am Beispiel von Lernen an Stationen. http:/www.foepaed.net/witte/offener-unterricht.pdf, 05.04.2006
- Zahlenzauber 2. Oldenbourg Schulbuchverlag, 2004
- Zimbardo: Psychologie. Springer-Verlag. Berlin Heidelberg 1995, 6. Auflage

7. Anhang

7.1. Lehrererzählung

Die Reise in die Vergangenheit

Eines Morgens macht sich Momo wieder einmal auf eine Reise. „Ich bin schon ganz gespannt, was mich heute wohl alles erwarten wird und wo die Reise hingeht?!". Er geht über eine Wiese, über Felder und durch Wälder. Doch plötzlich steht Momo vor einem großen Tor in einer Mauer mitten im Wald. Er liest: „Vorsicht, wenn du durch dieses Tor gehst reist du in die Vergangenheit. Oh ist das spannend! Kinder kommt ihr mit mir?"

Langsam öffnet Momo das Tor zur Vergangenheit.

„Die Symbole habe ich doch schon mal gesehen. Das ist doch Stationsarbeit, oder?! Ja, ja hier muss ich doch..." Zeigt auf die Stöpselkarte, etc.. „Jetzt habe ich es doch wieder vergessen!"

Frau Hof: „Die Klasse 2b kann dir aber bestimmt helfen."

„So viele Aufgaben soll ich erledigen? – Das schaffe ich doch nie alleine. Denn wenn ich es nicht schaffe, komme ich nicht mehr zurück. Ihr helft mir sicherlich dabei?! Und ich schaue euch zu. Nachher erzählt ihr mir, wie es an den einzelnen Stationen geklappt hat. Versprecht ihr mir das?!"

Schüler: „JAAAA!"

„Aber jetzt möchte Frau Hof noch etwas erzählen. Bis später!"

7.2. Ausschnitt Übersichtsplan

	1	2	3	...
N				
L				
C				
A				
...				